U0269630

法国国家附件

Eurocode 1：
结构上的作用

第1-5部分：一般作用——温度作用

NF EN 1991-1-5/NA

[法] 法国标准化协会（AFNOR）

欧洲结构设计标准译审委员会 **组织翻译**

杨抑非 **译**

邓 翔 **一审**

刘 宁 刘 玲 **二审**

人民交通出版社股份有限公司

北 京

版 权 声 明

图书在版编目（CIP）数据

法国国家附件 Eurocode 1：结构上的作用. 第1-5 部分：一般作用——温度作用 NF EN 1991-1-5/NA / 法国标准化协会（AFNOR）组织编写；杨抑非译. — 北京：人民交通出版社股份有限公司，2019.11

ISBN 978-7-114-16152-0

Ⅰ. ①法… Ⅱ. ①法… ②杨… Ⅲ. ①建筑结构—建筑规范—法国 Ⅳ. ①TU3

中国版本图书馆 CIP 数据核字（2019）第 295786 号

著作权合同登记号：图字 01-2019-7814

Faguo Guojia Fujian Eurocode 1：Jiegou Shang de Zuoyong Di 1-5 Bufen：Yiban Zuoyong——Wendu Zuoyong

书　　名	法国国家附件　Eurocode 1：结构上的作用　第1-5 部分：一般作用——温度作用 NF EN 1991-1-5 /NA
著　作　者	法国标准化协会（AFNOR）
译　　者	杨抑非
责任编辑	钱　堃　李学会
责任校对	刘　芹
责任印制	刘高彤
出版发行	人民交通出版社股份有限公司
地　　址	（100011）北京市朝阳区安定门外外馆斜街 3 号
网　　址	http://www.ccpress.com.cn
销售电话	（010）59757973
总　经　销	人民交通出版社股份有限公司发行部
经　　销	各地新华书店
印　　刷	北京虎彩文化传播有限公司
开　　本	880×1230　1/16
印　　张	1.5
字　　数	22 千
版　　次	2019 年 11 月　第 1 版
印　　次	2024 年 10 月　第 2 次印刷
书　　号	ISBN 978-7-114-16152-0
定　　价	30.00 元

（有印刷、装订质量问题的图书，由本公司负责调换）

出 版 说 明

包括本标准在内的欧洲结构设计标准(Eurocodes)及其英国附件、法国附件和配套设计指南的中文版,是2018年国家出版基金项目"欧洲结构设计标准翻译与比较研究出版工程(一期)"的成果。

在对欧洲结构设计标准及其相关文本组织翻译出版过程中,考虑到标准的特殊性、用户基础和应用程度,我们在力求翻译准确性的基础上,还遵循了一致性和有限性原则。在此,特就有关事项作如下说明:

1. 本标准中文版根据法国标准化协会(AFNOR)提供的法文版进行翻译,仅供参考之用,如有异议,请以原版为准。

2. 中文版的排版规则原则上遵照外文原版。

3. Eurocode(s)是个组合再造词。本标准及相关标准范围内,Eurocodes特指一系列共10部欧洲标准(EN 1990~EN 1999),旨在为房屋建筑和构筑物及建筑产品的设计提供通用方法;Eurocode 与某一数字连用时,特指EN 1990~EN 1999 中的某一部,例如,Eurocode 8 指 EN 1998 结构抗震设计。经专家组研究,确定 Eurocode(s)宜翻译为"欧洲结构设计标准",但为了表意明确并兼顾专业技术人员用语习惯,在正文翻译中保留 Eurocode(s)不译。

4. 书中所有的插图、表格、公式的编排以及与正文的对应关系等与外文原版保持一致。

5. 书中所有的条款序号、括号、函数符号、单位等用法,如无明显错误,与外文原版保持一致。

6. 在不影响阅读的情况下书中涉及的插图均使用外文原版插图,仅对图中文字进行必要的翻译和处理;对部分影响使用的外文原版插图进行重绘。

7. 书中涉及的人名、地名、组织机构名称以及参考文献等均保留外文原文。

特别致谢

本标准的译审由以下单位和人员完成。河南省交通规划设计研究院股份有限公司的杨抑非承担了主译工作,河南省交通规划设计研究院股份有限公司的邓翔,中交第一公路勘察设计研究院有限公司的刘宁、刘玲承担了主审工作。他(她)们分别为本标准的翻译工作付出了大量精力。在此谨向上述单位和人员表示感谢!

欧洲结构设计标准译审委员会

欧洲结构设计标准译审委员会总体组

FA155747

ISSN 0335-3931

NF EN 1991-1-5/NA
2008 年 2 月

分类索引号：P 06-115-1/NA

ICS：91.010.30；91.080.01

法国标准

法国国家附件
Eurocode 1：结构上的作用
第 1-5 部分：一般作用——温度作用
NF EN 1991-1-5/NA

英文版名称：Eurocode 1：Actions on structures—Part 1-5：General actions—Thermal actions—National annex to NF EN 1991-1-5：2004—General actions—Thermal actions

德文版名称：Eurocode 1：Einwirkungen auf Tragwerken—Teil 1-5：Allgemeine Einwirkungen—Temperatur-einwirkungen—Nationaler Anhang zu NF EN 1991-1-5：2004—Allgemeine Einwirkunge—Temperatur-einwirkungen

发布	法国标准化协会（AFNOR）主席 2008 年 1 月 16 日决定,本国家附件于 2008 年 2 月 16 日生效。
相关内容	本国家附件发布之日,不存在相同主题的欧洲或者国际文件。
提要	本国家附件补充了 2004 年 3 月发布的 NF EN 1991-1-5,该标准是 EN 1991-1-5：2003 在法国的适用版本。 本国家附件定义了 NF EN 1991-1-5：2004 在法国的适用条件,该标准引用了 EN 1991-1-5：2003。
关键词	**国际技术术语**：建筑、土木工程、桥梁、烟筒、管道、工业设备、热强度、热工检测、温度、变量、计算、计算规则、设计、建设规则、材料强度。
修订	
勘误	

法国标准化协会（AFNOR）出版发行—地址：11，rue Francis de Pressensé—邮编：93571 La Plaine Saint-Denis
电话：+ 33（0）1 41 62 80 00—传真：+ 33（0）1 49 17 90 00 — 网址：www.afnor.org

结构设计基础分委员会　BNTEC P06A

标准化委员会

主席：LARAVOIRE 　　　先生

秘书：PINÇON 　　　先生　　　BNTEC

委员：（按姓氏、先生/女士、单位列出）

BALOCHE	先生	CSTB
BAUDY	先生	BUREAU VERITAS
BIETRY	先生	
BITAR	先生	CTICM
BOUCHON	先生	SETRA
CALGARO	先生	CONSEIL GÉNÉRAL DES PONTS ET CHAUSSÉES
CAUDE	先生	CETMEF
CHABROLIN	先生	CTICM
CHOLLET-MEIRIEU	先生	AFNOR
DAUBILLY	先生	FNTP
DEVILLEBICHOT	先生	EGF-BTP
DURAND	先生	UMGO
FUSO	先生	SSBAIF
GODART	先生	LCPC
HORVATH	先生	CIMBÉTON
IMBERTY	先生	SETRA
IZABEL	先生	SNPPA
JACOB	先生	LCPC
KOVARIK	先生	PORT AUTONOME DE ROUEN
LARAVOIRE	先生	
LARET	先生	CSTB
LARUE	先生	RBS
LE CHAFFOTEC	先生	CTICM
LEFEVRE	先生	BSI
LEMOINE	先生	UMGO
LEQUIEN	先生	CTICM
LIGOT	先生	
MAITRE	先生	SOCOTEC

MARTIN	先生	SNCF
MEBARKI	先生	UNIVERSITE DE MARNE LA VALLEE
MILLEREUX	先生	FIBC
MUZEAU	先生	CUST
NGUYEN	先生	MEDAD
OSMANI	夫人	EIFFAGE Construction
PAMIES	先生	INRS
PINÇON	先生	BNTEC
PRAT	先生	SETRA
RAGNEAU	先生	INSA de RENNES
RAMONDENC	先生	SNCF
RAOUL	先生	SETRA
ROGER	夫人	MEDAD
SACRÉ	先生	CSTB
SAUVAGE	先生	FFB-CMP
TEPHANY	先生	MINISTÈRE DE L'INTÉRIEUR—DDSC
TONNOIR	先生	LRPC LILLE
TRINH	先生	

目　　次

前言 ……………………………………………………………………………………… I

AN 1　欧洲标准条款在法国的应用 ……………………………………………… 1

AN 2　附录 A"国家最低气温和最高气温等温线"在法国的应用 ……………… 6

AN 3　附录 B"不同铺装层厚度的温差"在法国的应用 ………………………… 7

AN 4　附录 C"线膨胀系数"在法国的应用 ……………………………………… 7

AN 5　附录 D"房屋建筑和其他建筑物的温度分布"在法国的应用 …………… 7

前言

（1）本国家附件确定了 NF EN 1991-1-5:2004 在法国的适用条件。NF EN 1991-1-5:2004 引用了欧洲标准化委员会于 2003 年 9 月 18 日批准,于 2003 年 11 月 19 日实施的 EN 1991-1-5:2003 及其附录 A～D。

（2）本国家附件由结构设计基础分委员会（BNTEC P06A）编制。

（3）本国家附件:

—为 EN 1991-1-5:2003 的下列条款提供国家定义参数（NDP）并允许各国自行选择参数信息:

—5.3(2)(表5.1,表5.2 和表5.3)

—6.1.1(1)

—6.1.2(2)

—6.1.3.1(4)

—6.1.3.2(1)

—6.1.3.3(3)

—6.1.4(3)

—6.1.4.1(1)

—6.1.4.2(1)

—6.1.4.3(1)

—6.1.4.4(1)

—6.1.5(1)

—6.1.6(1)

—6.2.1(1)P

—6.2.2(1)

—6.2.2(2)

—7.2.1(1)

—7.5(3)

—7.5(4)

—A.1(1)

—A.1(3)

—A.2(2)

—B(1)(表 B.1,表 B.2 和表 B.3)

—确定 NF EN 1991-1-5:2004 资料性附录 C 和 D 的使用条件;

— 提供非矛盾性的补充信息,便于 NF EN 1991-1-5:2004 的应用。

(4)引用条款为 NF EN 1991-1-5:2004 中的条款。

(5)本国家附件应配合 NF EN 1991-1-5:2004,并结合 NF EN 1990 ~ NF EN 1999,一起用于新建建(构)筑物和土木工程结构物的设计。在全部Eurocodes国家附件出版之前,如有必要,应针对具体项目对国家定义参数进行定义。

(6)如果 NF EN 1991-1-5:2004 适用于公共或私人工程合同,则国家附件也是适用的,除非合同文件中另有说明。

(7)对于本国家附件中所考虑的项目的设计使用年限,请参照 NF EN 1990 及其国家附件中给出的定义。该使用年限在任何情况下不能与法律和条例所界定的关于责任和质保期限相混淆。

(8)为明确起见,本国家附件给出了国家定义参数的范围。本国家附件的其余部分是对欧洲标准在法国的应用进行的非矛盾性补充。

国家附件
（规范性）

AN 1　欧洲标准条款在法国的应用

条款 5.1

对于建筑,在确定需要通过计算考虑温度变化效应之前,宜先行考虑构造措施,如伸缩缝、凹缝、限高以及可能的外部保温对构件体积变化产生的影响。

条款 5.2(6)

对于非隔热结构构件,宜采用第 6 章的规定。

条款 5.3(2)

在表 5.1 和表 5.2 中,T_{min} 和 T_{max} 的值根据本国家附件条款 6.1.3.2(1)的应用确定。

$T_1 \sim T_5$ 的采用值如下:

$T_1 = T_2 = 18℃$

$T_3 = -10℃$

$T_4 = 0℃$

$T_5 = 10℃$

对于地面以下建筑(表 5.3),取 $\Delta T_u = \Delta T_M = 0℃$,因此 $T_6 = T_7 = T_8 = T_9 = T_{in} = 18℃$。

条款 6.1.1(1)注 2

当具体项目不属于所提出的三种类型中的任何一种时,应在合同文件中规定均匀温度分量值和温差分量值。

条款 6.1.2(2)

除非合同文件另有说明,否则:

——对于使用 1 类桥面(钢桥面)或 3 类桥面(混凝土桥面)的桥梁,采用方法 1;

——对于使用 2 类桥面(组合桥面)的桥梁,采用方法 2 的简化方法,如图 6.2b)(最后一行)所述。

注 1:考虑非线性温差(方法 2)通常导致结构内力降低。

注 2:当方法 2 用于使用 1 类桥面或 3 类桥面的桥梁时,允许不考虑非线性温差分量 ΔT_E 的影响。

条款 6.1.3.1(4)

$T_{e,min}$ 和 $T_{e,max}$ 的值通过以下公式确定:

$$T_{e,min} = T_{min} + \Delta T_{e,min}$$

$$T_{e,max} = T_{max} + \Delta T_{e,max}$$

$\Delta T_{e,min}$ 和 $\Delta T_{e,max}$ 的值在下表中给出。

用来计算均匀温度分量的 $\Delta T_{e,min}$ 和 $\Delta T_{e,max}$ 值

桥面类型	法 国 本 土		法国海外省和地区	
	$\Delta T_{e,min}[\text{℃}]$	$\Delta T_{e,max}[\text{℃}]$	$\Delta T_{e,min}[\text{℃}]$	$\Delta T_{e,max}[\text{℃}]$
1 类桥面	−3.0	+16.0	0	+16.0
2 类桥面	+5.0	+4.0	0	+4.0
3 类桥面	+8.0	+2.0	0	+2.0

条款 6.1.3.2(1)

对于法国本土,使用的值在下表中给出。对于法国海外省和地区,使用的值如下:

$T_{max} = +40℃$;

$T_{min} = +10℃$ 。

在当地气候条件允许的情况下,特定的合同文件可能指定不同的值。T_{max} 的指定值不得小于本国家附件给出的值,T_{min} 的指定值也不得大于本国家附件给出的值。

法国本土的最高气温和最低气温(单位:℃)

省　份	T_{max}	T_{min}	省　份	T_{max}	T_{min}	省　份	T_{max}	T_{min}
Ain	40	−30	Gers	40	−20	Pyrénées – Atlantiques	40	−20
Aisne	40	−25	Gironde	40	−15	Hautes – Pyrénées	40	−20
Allier	40	−30	Hérault	40	−20	Pyrénées-Orientales	40	−20
Alpes-de-Haute-Provence	40	−15	Ille-et-Vilaine	35	−15	Bas-Rhin	40	−30
Hautes-Alpes	40	−25	Indre	40	−25	Haut-Rhin	40	−30
Alpes-Maritimes	40	−15	Indre-et-Loire	40	−20	Rhône	40	−30
Ardèche	40	−25	Isère	40	−30	Haute-Saône	40	−30
Ardennes	40	−25	Jura	40	−30	Saône-et-loire	40	−25
Ariège	40	−20	Landes	40	−20	Sarthe	40	−20
Aube	40	−30	Loir-et-Cher	40	−20	Savoie	40	−30
Aude	40	−20	Loire	40	−30	Haute-Savoie	40	−30
Aveyron	40	−20	Haute-Loire	40	−25	Ville de Paris	40	−20
Bouches-du-Rhône	40	−15	Loire-Atlantique	40	−15	Seine-Maritime	35	−20
Calvados	35	−20	Loiret	40	−20	Seine-et-Marne	40	−25
Cantal	40	−25	Lot	40	−20	Yvelines	40	−20
Charente	40	−20	Lot-et-Garonne	40	−20	Deux-Sèvres	40	−20
Charente-maritime	40	−15	Lozère	40	−25	Somme	40	−20
Cher	40	−25	Maine-et-Loire	40	−20	Tarn	40	−20
Corrèze	40	−25	Manche	35	−15	Tarn-et-Garonne	40	−20
Corse-sud	40	−10	Marne	40	−25	Var	40	−15
Haute-Corse	40	−10	Haute-Marne	40	−25	Vaucluse	40	−15
Côte-d'Or	40	−25	Mayenne	40	−20	Vendée	40	−15
Côtes-d'Armor	35	−15	Meurth-et-Moselle	40	−30	Vienne	40	−20
Creuse	40	−25	Meuse	40	−25	Haute-Vienne	40	−25
Dordogne	40	−20	Morbihan	35	−15	Vosges	40	−30
Doubs	40	−30	Moselle	40	−30	Yonne	40	−25
Drôme	40	−25	Nièvre	40	−25	Territoire de Belfort	40	−30
Eure	35	−20	Nord	35	−25	Essonne	40	−20
Eure-et-loir	40	−20	Oise	40	−20	Hauts-de-Seine	40	−20

（续）

省 份	T_{max}	T_{min}	省 份	T_{max}	T_{min}	省 份	T_{max}	T_{min}
Finistère	35	−15	Orne	40	−20	Seine Saint-Denis	40	−20
Gard	40	−15	Pas-de-Calais	35	−20	Val-de-Marne	40	−20
Haute-Garonne	40	−20	Puy-de-Dôme	40	−25	Val-d'Oise	40	−20

条款 6.1.3.3(3)注 2

对于伸缩缝,要考虑的桥梁均匀温度分量的最大膨胀范围为 $\Delta T_{N,exp} + 15℃$,最大收缩范围为 $\Delta T_{N,con} + 15℃$。

当规定了伸缩缝的温度时,或当伸缩缝的开口可调时,这些值分别变为 $\Delta T_{N,exp} + 5℃$ 和 $\Delta T_{N,con} + 5℃$。

对于支座,采用推荐值。

条款 6.1.4(3)

除非特定合同文件中另有规定,否则无须考虑初始温差。

条款 6.1.4.1(1)

使用的 $\Delta T_{M,heat}$ 和 $\Delta T_{M,cool}$ 的值在表 6.1 NA 中给出,所用的 k_{sur} 值在表 6.2NA 中给出。

表 6.1 NA 公路桥、人行桥和铁路桥不同类型桥面的线性温差分量值

桥 面 形 式	顶部比底部温度高 $T_{M,heat}$ [℃]	底部比顶部温度高 $T_{M,cool}$ [℃]
1 类桥面钢桥面	18	13
2 类桥面混合桥面	15	18
3 类桥面混凝土桥面：		
混凝土箱梁	12	6
混凝土梁	15	8
混凝土板	12	6

表 6.2 NA　不同铺装层厚度修正系数 k_{sur} 的推荐值						
公路桥、人行桥和铁路桥						
铺装层厚度 [mm]	1 类桥面		2 类桥面		3 类桥面	
	顶部比底部 温度高	底部比顶部 温度高	顶部比底部 温度高	底部比顶部 温度高	顶部比底部 温度高	底部比顶部 温度高
	k_{sur}	k_{sur}	k_{sur}	k_{sur}	k_{sur}	k_{sur}
无铺装	0.7	0.9	0.9	1.0	0.8	1.0
防水[1]	1.6	0.6	1.1	0.9	1.5	1.0
50	1.0	1.0	1.0	1.0	1.0	1.0
100	0.7	1.2	1.0	1.0	0.8	1.0
150	0.7	1.2	1.0	1.0	0.7	1.0
道砟（750mm）	0.6	1.4	0.8	1.2	0.6	1.0

[1] 这些值代表深色部分的上限值。

条款 6.1.4.2(1)

对于 1 类桥面或 3 类桥面,采用推荐值。

对于 2 类桥面,仅适用简化方法的非线性温差[图 6.2b)最后一行]。

条款 6.1.4.3(1)

具体合同文件应说明是否应考虑此影响。如需考虑,则采用推荐值。

条款 6.1.4.4(1)

一般而言,构造措施可不考虑这种影响。但是具体合同文件可明确要求考虑内外腹壁之间的温差,在这种情况下,采用推荐值。

条款 6.1.5(1)

采用推荐值。

条款 6.1.6(1)

采用推荐值。

条款 6.2.1(1)P

采用推荐的方法。

条款 6.2.2(1)

采用推荐值。

条款 6.2.2(2)

采用推荐值。

条款 7.2.1(1)

对于最低气温和最高气温,请参见上文条款 6.1.3.2(1) 的应用。

条款 7.5(3)

采用推荐值。

条款 7.5(4)

采用推荐值。

AN 2　附录 A "国家最低气温和最高气温等温线" 在法国的应用

条款 A.1(1) 注 1

对于最低气温和最高气温,请参见上文条款 6.1.3.2(1) 的应用。

条款 A.1(1) 注 2

采用推荐值。但是,对于 1000m 以下的海拔,这些值将不进行调整。

条款 A.1(3)

> 如果具体合同文件中没有确定每个结构构件 T_0 值的规则,则采用推荐值（10℃）。

注1:为了确定 T_0 的值,如有必要,可从法国气象局获得建筑工地的外部月平均温度值(RT 2005 热量调节也可按省份提供一些数值)。

注2:如有必要,可调整施工阶段,以限制结构中的温度应力。

条款 A.2(2)

> 采用推荐值。

AN 3　附录 B"不同铺装层厚度的温差"在法国的应用

条款 B(1)

> 采用推荐值。

注:通过图 6.2a)、6.2b)和 c)中的均匀性,在表 B.1、表 B.2 和表 B.3 中,对应于负温差的 ΔT_i 值应为负值。

AN 4　附录 C"线膨胀系数"在法国的应用

此附录起资料性作用。

AN 5　附录 D"房屋建筑和其他建筑物的温度分布"在法国的应用

此附录起资料性作用。